DEUTSCHE AKADEMIE DER WISSENSCHAFTEN ZU BERLIN

VORTRÄGE UND SCHRIFTEN

HEFT 32

DAS LEITMOTIV DER GEOTEKTONISCHEN ERDENTWICKLUNG

von

Prof. Dr. Hans Stille

1949

AKADEMIE-VERLAG BERLIN

Erschienen im Akademie-Verlag GmbH., Berlin NW 7, Schiffbauerdamm 19
Lizenz-Nr. 156 · 4159/48 - 5489/48
Gedruckt in der Buchdruckerei Oswald Schmidt GmbH., Leipzig M 118
Bestell- und Verlagsnummer 2003/32
Preis DM 2,50

LEITMOTIV DER ERDENTWICKLUNG

Unter unseren Füßen liegt das Felsgerüst der Erdkruste. Die Art seines Aufbaues, die Lagerungsformen der es zusammensetzenden Gesteinsmassen, die Vorgänge, die diese Lagerungsformen schufen, die Kräfte, die dabei im Spiele gewesen sind, – alles das fällt unter den Begriff der Tektonik oder, – wie man auch wohl sagt, wenn man weniger die örtlichen Einzelfälle als die allgemeineren Gesetzmäßigkeiten im Auge hat, – der Geotektonik. Der Mensch meint, auf solidem, unbeweglichem Boden zu wandern, wenigstens soweit es sich nicht um Gebiete handelt, die dann und wann von Erdbeben heimgesucht werden. Aber er täuscht sich. Denn nirgends ist der Untergrund in Ruhe, auch nicht bei uns in Deutschland. Darüber belehren uns die von Zeit zu Zeit stattfindenden höhenbestimmenden Feinnivellements, die meßbare Veränderungen schon für die Zeit eines Menschenalters erkennen lassen. Der Betrag der auf solchem Wege festgestellten Aufwärts- oder Abwärtsbewegungen des Untergrundes läßt sich mit Bruchteilen von Millimetern oder höchstens einmal mit einem bis einigen Millimetern pro Jahr angeben. Das ist wenig, bezogen auf die Dauer eines Menschenalters. Aber eine Vertikalbewegung von nur 1 mm im Jahr bedeutet eine solche von 1 km in der Jahrmillion, und in derartigen geologischen Zeitmaßen haben wir jetzt zu denken.

Unter „Formationen" versteht die Geologie erstens bestimmte Gesteinsfolgen und zweitens die Zeiten, in denen diese Folgen entstanden sind. Die Formation bedeutet zugleich einen Abschnitt in der Entwicklung des organischen Lebens. Das kommt schon in den Bezeichnungen A„zoikum“, Eo„zoikum“, Paläo„zoikum“ usw. zum Ausdruck. Aber auf Grundlage der Entwicklung des organischen Lebens, also auf Grundlage der neben der Geo-

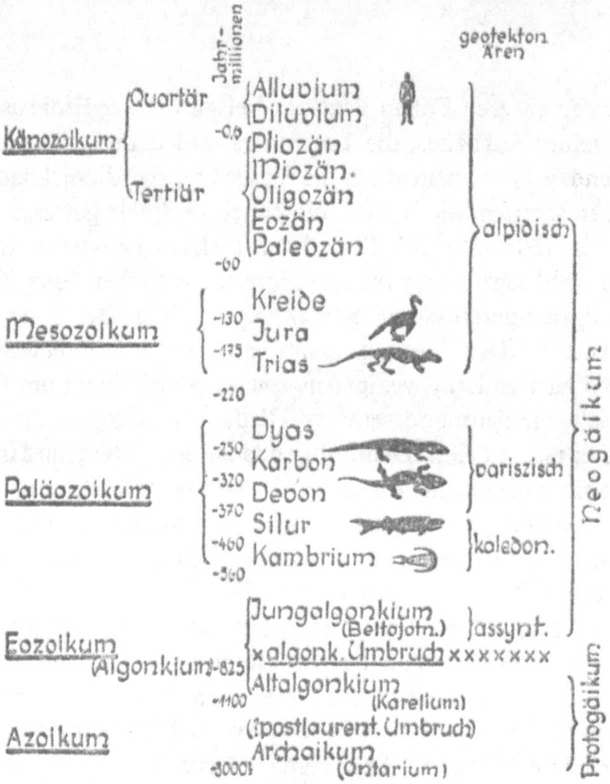

Abb. 1. *Erdgeschichtliche Zeittafel*

Die Tierformen neben den Formationsbezeichnungen veranschaulichen das erste Erscheinen einiger großer Gruppen des Tierreichs (erste Trilobiten im Kambrium, erste Fische im Silur, erste Amphibien Ende Devon, erste Reptilien Ende Karbon, erste Säugetiere in der Trias, erste Vögel im Jura, der Mensch im Quartär).

logie als der Erdgeschichte stehenden Paläontologie als der Lebensgeschichte, und speziell unter Benutzung der für bestimmte Zeitabschnitte charakteristischen „Leitversteinerungen“ läßt sich nur das relative Alter der Gesteinsserien, verglichen mit anderen, festlegen. Hinsichtlich ihres absoluten Alters sind wir nach vorangegangenen tastenden und eigentlich nur für die allerjüngsten Erdzeiten schon etwas erfolgreicher gewesenen Versuchen erst seit 2–3 Jahrzehnten auf Grundlage der Untersuchungen der in den Gesteinen umschlossenen radioaktiven Substanzen und ihrer Zerfallsprodukte zu befriedigenderen Ergebnissen gekommen. Nunmehr wissen wir z. B., daß über $^1/_2$ Milliarde Jahre seit Beginn der paläozoischen Zeit verstrichen sind und daß das Algonkium etwa ebenso lange gedauert hat, wie alle nachfolgenden Zeiten zusammengenommen, während andererseits das Quartär, in dessen Mitte der Mensch erschienen ist, etwa nur $^1/_{1000}$ der seit Beginn des Paläozoikums verstrichenen Zeiten ausmacht.

Wie der Historiker der menschlichen Geschehnisse mit Jahren, so rechnet der Geohistoriker mit Jahrmillionen, und wie der Menschheitshistoriker ein paar Tausende seiner Einheiten in Betracht zu ziehen hat, so hat der Geohistoriker mit einer ähnlichen Zahl, allerdings millionenfach größerer Zeiteinheiten zu rechnen.

Zur Diskussion steht heute, ob und welcherlei Tendenzen die geotektonische Entwicklung unserer Erdkruste beherrschen.

Auf die Frage, welches die fundamentalen Gegensätze im Erdbilde seien, wird jedermann gewiß die Antwort „Festland und Meer“ geben. Sie ist selbstverständlich richtig, wenn wir vom anthropozentrischen Standpunkt aus nur die heutige Zeit im Auge haben. Aber aus den überlieferten Schichtfolgen der Erde ist immer wieder herauszulesen, daß mindestens in sehr weiten Erdgebieten ein vielfacher und oft sehr schneller Wechsel des festländischen und marinen Zustandes geherrscht hat, d. h. daß die Meere immer wieder kamen und gingen. Denken wir nur, um ein Beispiel aus der heutigen Zeit zu geben, an den Kampf, der zu führen ist, um die nordwestdeutschen Küstenstriche gegenüber einer vorrückenden Nordsee zu erhalten, die in sehr wesentlichen Teilen im älteren Diluvium überhaupt nicht bestanden hatte, so daß der Rhein damals bis zur Doggerbank Geröllmassen, die

Abb. 2. *Der westliche Außenrand des europäischen Kontinentalsockels gegen den atlantischen Tiefozean*

Der Kontinentalsockel umfaßt außer dem heutigen Festland die angrenzenden Flachmeere (Schelfmeere) als mehr oder weniger vorübergehende Überflutungen seiner Randregionen.

er aus den Alpen mitgebracht hat, verschleppen konnte. Die heutigen Küstenlinien sind also, in geologischen Zeitmaßen gesprochen, nur Augenblicksbilder und dem Wechsel unterworfen. Somit ist die Einteilung des Erdbildes nach Festländern und Meeren ungeeignet, wenn man lange geologische Zeiträume übersehen will. Zu einer geologisch verwendbaren Einteilung, d. h. zu Einheiten von längerer oder ganz langer Dauer, kommt man erst, wenn man zu den Festländern die Räume der Flachmeere, die sogenannten Schelfe, hinzunimmt und in diesem Sinne von Kontinenten oder „Kontinentalblöcken" spricht und diesen die Tiefmeere gegenüberstellt.

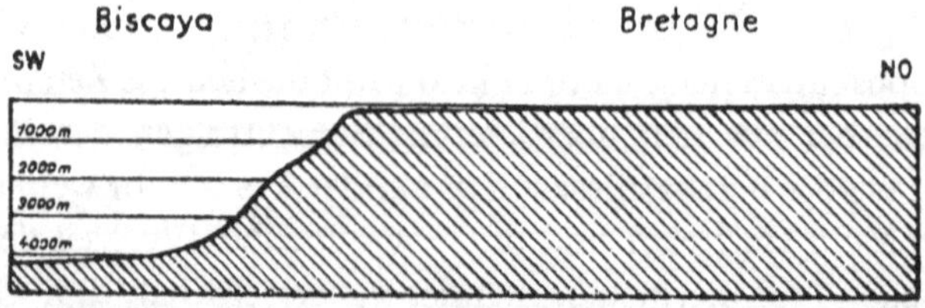

Abb. 3. *Schnitt von der Bretagne durch das biskaysche Flachmeer zur Tiefbiscaya*

So liegen die Grenzen Europas als des großen kontinentalen Sockels erst erheblich westlich der im Hin und Her der Flachmeere gerade heute zutreffenden Festlandsränder, wie die Abb. 2 und 3 veranschaulichen mögen. Die Grenzen sind gegeben in dem erst fern von den heutigen Küsten liegenden Kontinentalabfall zum atlantischen Tiefmeere, wie ihn speziell Abb. 3 darstellt.

Somit sind zwei Kategorien erdkrustaler Großfelder, die Kontinente und die Tiefmeere, in unser Blickfeld getreten. Eine dritte wird hinzukommen.

Wie überhaupt die Massen, die unsere Erde aufbauen, nach der Tiefe zu immer schwerer werden und dementsprechend die äußerste Erdhülle, die Sphäre der Gesteine, aus besonders leichten Materialien besteht, so weist auch sie noch Unterteilungen nach der Schwere ihrer Komponenten auf, und zwar ruht bzw. lastet die leichtere Oberhaut, die man als Sial bezeichnet, auf einer schwereren Unterhaut, dem Sima. Die leichteren sialischen Massen sind, chemisch gesprochen, von mehr saurer, die simischen von mehr basischer Art. Zu den sialischen gehören Gesteine von Art der Granite und Gneise und die große Gruppe der durch ihre Schichtung charakterisierten Sedimente. Kontinente („Hochkratone") sind dann gegeben, wenn die sialische Oberhaut mächtig ist (Abb. 4, Fall a), während diese unter den Tiefozeanen („Tiefkratone") nur geringe Dicken aufweist, indem relativ bald unter dem Sial das Sima einsetzt (Abb. 4, Fall b). Das hat die Untersuchung der Schwereverhältnisse unserer Erde gelehrt. Ähnlich wie der leichtere Eisberg in das etwas schwerere Meerwasser, so taucht das leichtere Sial in das schwerere Sima ein, das wir uns, wenn auch nicht als flüssig, so doch als nachgiebig gegenüber Dauerbelastungen vorzustellen haben. Und wie ein ein hohes Vertikalprofil besitzender Eisberg, abgesehen von seinem tiefen Eintauchen in das ihn tragende Medium, den ozeanischen Spiegel hoch überragt, so reicht eine mächtige Sialmasse nicht nur verhältnismäßig tief mit ihren unteren Teilen unter den Simaspiegel hinab, sondern sie hebt sich auch mit ihren oberen Teilen hoch hinaus, einen Kontinent bildend[1].

---

[1]) Neben dieser *Airy*schen Deutung der wechselnden Schwereverhältnisse der Erdkruste und damit des hohen Aufragens der Kontinente und der tiefen Lage des subozeanischen Untergrundes besteht seit alters her die *Pratt*sche

Bedeuten also Kontinente im Sinne der Airyschen Vorstellungen regionale Oberhautverdickungen, so ist gegeben, daß sie entstehen, wenn die Oberhaut, das Sial, anschwillt, und daß andererseits sich bei Abschwellen des Sials tiefozeanische Räume einstellen. Das Sial des Untergrundes kann

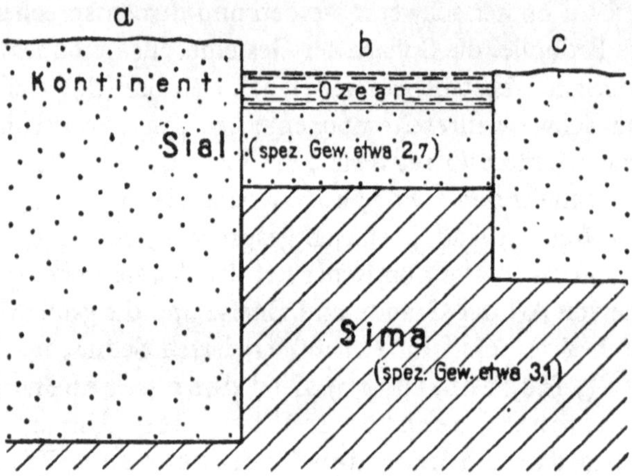

Abb. 4. *Deutung des Großreliefs der Erdkruste im Sinne von Airy*

Die sialischen Oberschollen der Erdkruste tauchen in das sie unterlagernde und spezifisch schwerere Sima ein, – ähnlich wie der leichtere Eisberg in das schwerere Meereswasser. Sie überragen das mittlere Erdniveau, wenn sie recht mächtig sind (Kontinentalbereiche), während bei geringerer Dicke des Sials ihre Oberfläche tief liegt und unter dem Meeresspiegel bleibt (Tiefmeerbereiche).

Erklärung, nach der die großen Erdschollen von annähernd gleicher Dicke, aber von wechselnder Dichte sind, nämlich aus leichterer Substanz unter den Kontinenten und aus schwererer unter den Ozeanen bestehen. Nach dieser Auffassung würden die kontinentalen Räume zu ozeanischen werden, wenn die vom Sima getragenen Oberschollen, sei es durch Zufuhr schwerer, zunächst flüssiger Materialien aus den größeren Erdtiefen, sei es durch irgendwelche Gesteinsmetamorphosen, sei es durch Zusammenpressungen ohne Volumenerweiterungen, sei es sonstwie an spezifischem Gewicht gewönnen. Aber die *Airy*schen Vorstellungen scheinen doch mit allen beobachtbaren Tatsachen in bester Übereinstimmung zu sein und die bestverwendbare Unterlage zur Erklärung des Auf und Ab der großen Erdsphären zu bilden, – wenn sekundär auch Dichteveränderungen im Sinne der *Pratt*schen Gedankengänge hinzugekommen sein mögen.

sich örtlich verdicken, wenn ihm von den Seiten her Material von sialischer Zusammensetzung zuströmt, und umgekehrt kann es durch Abströmen solcher Massen Höhenverminderung erfahren. Ohne Annahme von solcherlei „Tiefenströmungen", die im allgemeinen „säkular", d. h. im Ablauf ganz langer Zeiträume und dabei mit äußerster Langsamkeit, erfolgt sein dürften, sind ge-

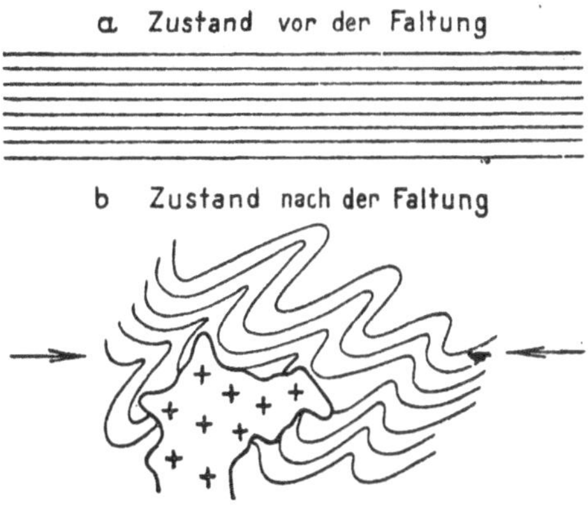

Abb. 5. *Faltung*

Der Breitenraum des in Bild a dargestellten Schichtenkomplexes hat sich (Bild b) infolge der Faltung stark vermindert, der Höhenraum hat sich dementsprechend vergrößert. Nunmehr fallen die Schichtflächen infolge ihrer gewellten Lage als Flächen leichter innerer Verschiebbarkeit der Gesteinsmassen aus. Dazu dringt häufig granitischer Glutfluß (Kreuze in Bild b) aus der Tiefe in das Faltengebäude ein und trägt zu dessen Konsolidation wesentlich bei. So büßt ein vorher (Stadium a) leicht faltbarer („mobiler") Erdkomplex durch die Faltung und deren Begleiterscheinungen die Faltbarkeit ein (Stadium b).

wisse Phänomene der Erdentwicklung, wie das Versinken vorher festländisch gewesener Räume oder das Hochbleiben der Kontinente durch ganz lange Erdperioden, obgleich sie infolge Abtragung dauernd an Sial einbüßen, nicht erklärbar.

Aber der geologisch gesprochen einfachste und selbstverständlichste Weg der Verdickung von Sialmassen ist in den Vorgängen der Faltung gegeben, indem bei diesen ein Zusammenschub von überwiegend sialischen Gesteinsverbänden auf verminderten Breitenraum erfolgt und sich damit das Vertikalprofil entsprechend erhöht (Abb. 5).

Vorbedingung für eine Faltung ist die Faltbarkeit des Untergrundes, die im allgemeinen um so mehr gegeben ist, je mächtiger im Untergrunde die Schichtgesteine vertreten sind. Sie beruht zum Teil schon auf der primär nachgiebigeren Art des Schichtenmaterials, aber vor allem auf den unzähligen Schichtfugen, die als Flächen leichter Verschiebbarkeit die Einzelschichten voneinander trennen. Spuren der an den Schichtflächen erfolgten Gleitungen lassen sich in den verbogenen Schichtsystemen in Form von Riefen oder Striemen oft beobachten. Vergleichsweise nehme man ein Kartenspiel zur Hand und verbiege es: Wie ein Blick auf den Rand des verbogenen Spieles zeigt, hat sich bei dem mit geringem Kraftaufwand möglichen Faltungsprozeß eine Karte an der anderen verschoben. Wir kleben nun die einzelnen Blätter des Kartenspiels aneinander und schalten damit die Gleitflächen aus: Nur schwer und nur eingeschränkt ist eine Verbiegung noch möglich. So können sich auch im Falle der Faltungen der Schichtsysteme die nunmehr verbogenen, d. h. bald in diese, bald in jene Richtung verstellten Schichtflächen als Gleitbahnen nicht mehr recht auswirken (s. Abb. 5b). Ferner haben die bei der Faltung wirksamen pressenden Kräfte das Schichtmaterial oft genug verändert und widerstandsfähiger gegen weitere Umformungen gemacht. Als im hohen Maße verfestigend kommt dann die mit den Faltungen vielfach verbundene oder ihnen unmittelbar folgende Durchsetzung der Gesteinsverbände durch das aus der Tiefe aufgestiegene glutflüssige Magma in Betracht, das infolge seiner hohen Beweglichkeit überall in den Gesteinsverband eindringt, nach seiner Festwerdung aber als Granit oder als sonstiges Eruptivgestein nicht nur für sich ein Material größter Starrheit bildet, sondern auch dem ganzen von ihm durchsetzten Gesteinskomplex ein hohes Maß von Festigkeit gibt. In diesem Sinne hat man in Verwendung eines Begriffs der bergbaulichen Technik von der „Zementierung“ der Gesteinssysteme durch magmatische Intrusionen gesprochen. Alles in allem verwandelt also die Faltung mit ihren Begleiterscheinungen, – sei es schon in einem einzigen Akte, sei es erst nach mehrfacher Wiederholung –, die vorher mobilen Komplexe der Erdkruste zu stabilen, die nun nicht mehr in stärkerer Weise („alpinotyp") faltbar sind, sondern bei den tektonischen Vorgängen höchstens noch „germanotyp", d. h. in der Hauptsache durch mehr oder weniger vertikale Verschiebungen entlang den Rißsystemen der Erdkruste und höchstens noch durch nur schwache Faltungen, reagieren. So untergräbt sich die Faltung die Möglichkeit ihrer Wiederholung (s. Abb. 5).

Wir wollen nunmehr unter „konsolidierten" bzw. „kratonischen" Gesteinsverbänden und Erdzonen solche verstehen, die

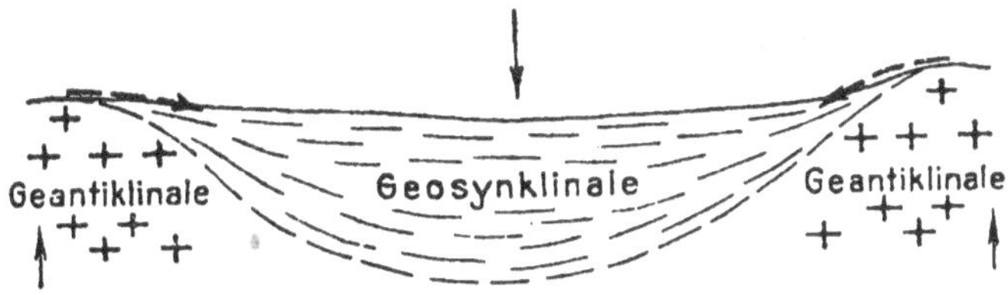

Abb. 6. *Schema einer Geosynklinale*

An die Geosynklinale, den säkular sinkenden Raum, grenzen säkular aufsteigende Räume, die Geantiklinalen. Etwa entsprechend dem Einsinken der Geosynklinale vollzieht sich der Materialtransport (durchbrochene Pfeile) von den Nebenräumen zu ihr hin, hier entsprechend den Beträgen der Senkung sehr mächtige Schichtfolgen schaffend.

nicht mehr in den gesteigerten alpinotypen Formen, wie die Strukturen unserer Gebirge sie im allgemeinen erkennen lassen, faltbar sind.

Aus den vorangegangenen Betrachtungen ist ersichtlich gewesen, daß diejenigen Erdgebiete in besonderem Maße faltbar sind, in denen sich die sedimentären Schichtfolgen besonders mächtig entwickelt haben, und damit kommen wir zu der neben den Kontinenten und Tiefmeeren bestehenden dritten Kategorie der Großfelder unserer Erde, den Geosynklinalen. Unter diesem Begriff versteht der Geologe säkular, also durch ganz lange Zeiträume mehr oder weniger kontinuierlich, einsinkende Erdzonen, die immer wieder Sedimente in sich aufzunehmen imstande sind, so daß diese im Ablauf des Senkungsprozesses zu ganz großen Mächtigkeiten anschwellen (s. Abb. 6). Gleichzeitig mit dem säkularen Einsinken der Geosynklinalen pflegen Nachbarräume („Geantiklinalen“) säkular aufzusteigen, und von ihnen wandern die Abtragungsmassen in die geosynklinalen Wannen hinein. Die Mächtigkeit der Sedimente gibt ein Abbild der während ihrer Bildungszeit eingetretenen geosynklinalen Absenkung, und diese ist nach dem großen Durchschnitt recht vieler in Betracht gezogener Fälle in der Größenordnung von vielleicht $^1/_{40}$ mm pro Jahr (25 m in der Jahrmillion!) anzunehmen. Das ist wieder sehr wenig im Sinne der menschlichen Zeitrechnung; aber bei der langen Dauer der Senkungen und Sedimentationen der geosynklinalen Erdräume kommen schließlich Schichtserien von Tausenden und Abertausenden von Metern zustande.

Wie die Faltung mit ihren Begleiterscheinungen der Hauptfaktor der Stabilisierung der Erdbezirke ist, so ist die geosynklinale Senkung, indem sie die Bildung sehr mächtiger Schichtgesteine in vorher weniger faltbaren Erdzonen ermöglicht, der Hauptfaktor der Mobilisierungen.

Vor bald einem Jahrhundert hatte der Amerikaner James Hall erkannt, daß in den großen gefalteten Gebirgszügen des nordamerikanischen Kontinents und speziell im Faltungssystem der Appalachien die geologischen Formationen in ganz großer Mächtigkeit vorliegen, während sie abseits nur geringmächtig sind. Damit war der Zusammenhang der Faltung mit den vorangegangenen starken Sedimentationen und also auch mit den vorangegangenen Senkungsprozessen zum ersten Male dargelegt worden. Die Geosynklinalen werden gefaltet, d. h. sie werden eingeengt im Kampf um den Raum, der sich bei den geotektonischen Vorgängen der Erdkruste abspielt, weil sie faltbar sind, – dieses im Gegensatz zu den kontinentalen und tiefmeerischen Erdbereichen, die als die „kratonischen“ der Faltung widerstehen.

Beruht dieser kratonische Zustand bei den Kontinentalmassen, wie wir gesehen haben, in erster Linie auf den durch Faltungen, magmatische Intrusionen, Gesteinsmetamorphosen usw. herbeigeführten Strukturen, so ist er im Untergrunde der Tiefozeane in dessen überwiegender Zusammensetzung aus fast schichtungslosen und an sich schon besonders starren Massen von etwa basaltischer Art gegeben. Letzteres erklärt auch, daß – worauf gewisse bedeutsame Züge in der geotektonischen Entwicklung des Erdbildes hinweisen – der subozeanische Untergrund gegenüber dem subkontinentalen sogar noch eine Superstarrheit aufweist, so daß für die Großsphären der Erdkruste folgende Starrheitsskala zu geben ist:

Mobiler Zustand der *Geosynklinalen*,
kratonischer Zustand der *Kontinente*,
superkratonischer Zustand unter den *Tiefozeanen*.

Man spricht vom *geotektonischen „Zyklus"*. Er beginnt mit der geosynklinalen Senkung und der parallel zu ihr gehenden Sedimentation; es folgt mit gewisser Notwendigkeit die Faltung und damit die Überführung des vorher mobilen Erdraumes in einen stabilen Zustand, der schließlich kein anderer ist als derjenige, der den Untergrund unserer Kontinente charakterisiert. So endigt der geotektonische Zyklus mit dem Verlust der Faltbarkeit, d.h. mit der Erstarrung.

Diese einander folgenden Stadien des geotektonischen Zyklus unterscheiden sich auch in der Art der sie begleitenden magmatologischen Verhältnisse, d. h. ein geomagmatischer Zyklus läuft dem geotektonischen parallel (vgl. Abb. 8). Es ist nämlich der geosynklinale Zustand von einem überwiegend basischen („initialen") Magmatismus, die Faltung aber von überwiegend sauren („synorogenen") Intrusionen von granitischer Art begleitet. Der Erstarrungszustand ist in seinen frühen („quasikratonischen") Phasen durch stofflich den synorogenen Intrusionen nahestehende, also mehr saure, und in seinen späteren („vollkratonischen") Phasen durch überwiegend basische vulkanische Ergüsse, die „finalen", charakterisiert.

Im Gegensatz zu den säkularen, d. h. langfristigen, sich oft durch viele Formationen erstreckenden Vorgängen, zu denen die geosynklinale Senkung gehört, sind die Faltungen samt ihren Begleiterscheinungen, mit denen zusammen sie als die „Orogenesen" bezeichnet zu werden pflegen, „kurzfristig" verlaufende Ereignisse, wobei man sich unter „kurzfristig" immerhin einen Zeitraum von einigen Jahrhunderttausenden vorstellen mag. „Kurzfristig" sind sie nur relativ zu den Zeiten der Fortentwicklung der Geosynklinalen und überhaupt den säkularen („evolutionären") Erdereignissen, die sie von Zeit zu Zeit „revolutionär" unterbrechen. Sie sind an bestimmte Zeitpunkte der Erdgeschichte, die „orogenen Phasen", gebunden, deren empirische Ermittlung aus den Strukturen des Erduntergrundes eine wichtige und heute noch nicht voll abgeschlossene Aufgabe der tektonischen Forschung ist. Etwa 40 bis 50 solcher Phasen scheinen seit dem Beginn des Paläozoikums eingetreten zu sein. Wie sie sich zeitlich anordnen, mag aus Abb. 7 ersehen werden, in der auch der Versuch unternommen ist, die Phasen nach ihrer Gesamtbedeutung für die Entwicklung des geologischen Erdbildes zu klassifizieren. Sie gruppieren sich, wenn wir von den allerältesten und in vielfacher Hinsicht schwer entzifferbaren Verhältnissen unserer Erde zunächst noch absehen, zu vier „Ären", nämlich der vorkambrischen assyntischen, der altpaläozoischen kaledonischen, der jungpaläozoischen variszischen und der meso- und känozoischen alpidischen.

Um Mißverständnisse zu vermeiden sei bemerkt, daß unter „Geosynklinalen" in den vorangegangenen und auch den nachfolgenden Ausführungen nur die „echten" Geosynklinalen („Orthogeosynklinalen") verstanden sind, die in der Vorzeit neben den Kontinenten und Tiefozeanen als selbständige, im allgemeinen sich weltweit erstreckende geotektonische Einheiten, als die Mutterwannen der alpinotyp gebauten Faltengebirge unserer Erde und damit auch als die Bildungsstätten neuer Kontinentalbereiche, bestanden haben,– nicht aber auch die sich innerhalb der Kontinentalbereiche als mehr örtliche Senkungsbezirke wohl einstellenden „Parageosynklinalen", deren Bereiche höchstens noch germanotyp umformbar sind und die auch die magmatologischen Kriterien der orthogeosynklinalen Räume nicht aufweisen.

Drei Arten von Großsphären unserer Erdkruste sind uns entgegengetreten, die Kontinente, die Tiefozeane und die Geosynklinalen, und es sei nochmals hervorgehoben, daß zwei von ihnen, nämlich die Kontinente und die Tiefozeane, konsolidiert sind und nur die dritte noch faltbar ist.

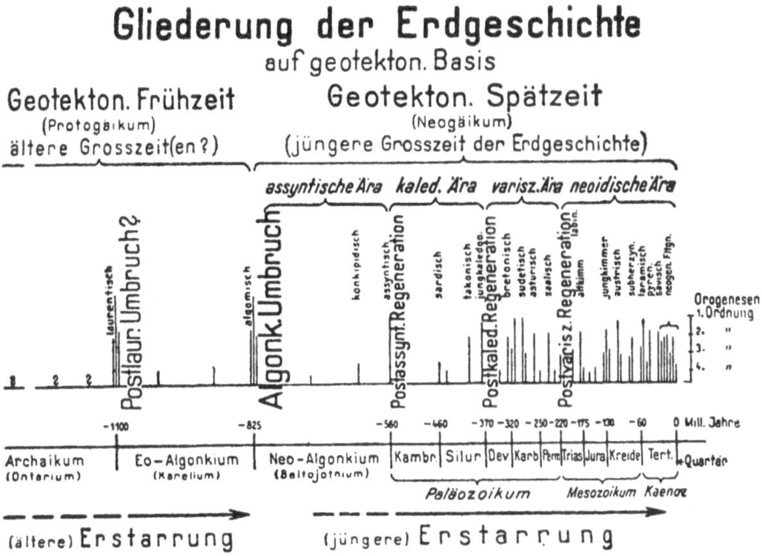

Abb. 7. *Geotektonische Gliederung der Erdgeschichte*

Unter geotektonischen Transformationen wollen wir nunmehr die Überführung eines der drei großsphärischen Zustände in einen anderen verstehen. Auf zwei Arten solcher Transformationen ist vorstehend schon Bezug genommen worden, nämlich

1. die Destruktion, d.h. die Verwandlung vorher kontinentaler Räume in Tiefmeere infolge Absinkens. Sie schafft „Neuozeane", die im Gegensatz stehen zu den schon seit ganz frühen Erdzeiten vorhandenen „Urozeanen";
2. die Konsolidation, d.h. die Verwandlung orthogeosynklinaler Bereiche in kontinentale auf dem Wege der Orogenesen.

Eine dritte Art von großsphärischen Transformationen ist die Regeneration, die Rücküberführung bereits konsolidiert gewesener Räume in den geosynklinalen Zustand, d.h. also eine Remobilisierung kratonischer Bezirke, die allerdings im allgemeinen nur noch möglich zu sein scheint, so lange noch der quasikratonische und noch nicht der vollkratonische Zustand besteht. Zu solchen Vorstellungen führt z. B. die Geschichte des Alpensystems, dessen Raum einst zugleich mit den ihm vorgelagerten mitteleuropäischen Gebieten in einen aus den geologischen Untergrundstrukturen und aus magmatischen Verhältnissen ersichtlichen kratonischen Zustand gebracht worden war, dann aber im Gegensatz zum kratonisch bleibenden außeralpinen Mitteleuropa erneut in den mobilen geosynklinalen Zustand gelangte, womit ein neuer geotektonischer Zyklus einsetzen konnte. Diesem tektonischen Bizyklismus mußte natürlich ein magmatischer Bizyklismus parallel gehen, wie ihn das Alpensystem im Gegensatz zum außeralpinen Mitteleuropa erkennen läßt (s. Abb. 8).

Die Regeneration bedeutet also ein Absinken kontinentaler Bereiche unter Wiedererlangung der Faltbarkeit, die Destruktion ein solches unter Wahrung des kratoni-

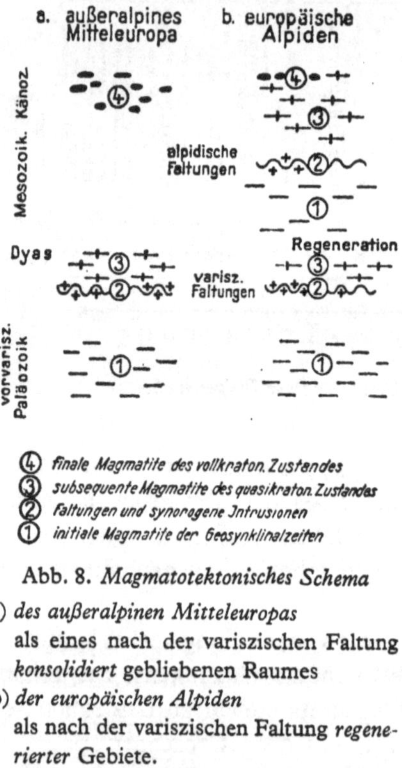

Abb. 8. *Magmatotektonisches Schema*

a) *des außeralpinen Mitteleuropas* als eines nach der variszischen Faltung *konsolidiert* gebliebenen Raumes

b) *der europäischen Alpiden* als nach der variszischen Faltung *regenerierter* Gebiete.

Im Falle b) hat sich nach der etwa in der jüngeren Dyas erfolgten Regeneration des variszisch gefalteten Untergrundes der für die Geosynklinalzeiten charakteristische initiale Magmatismus erneut eingestellt. Erneute und von synorogenen Intrusionen begleitete alpinotype Faltungen, diejenigen der alpidischen Ära, sind gefolgt, und an sie hat sich wieder ein subsequenter Magmatismus angeschlossen. Im Falle b liegt also eine *bizyklische* Entwicklung der neogäischen Magmatotektonik vor, dieses im Gegensatz zur *monozyklischen* Entwicklung des außeralpinen Mitteleuropas (Fall a), in dem die nachvariszische Regeneration unterblieben war.

schen Zustandes, dessen Sonderform nur vertauscht wird. Es läßt sich die Auffassung vertreten, daß in ersterem Falle die pressenden Kräfte, die auch die weitere Entwicklung der regenerierten Räume beherrschen, schon im Spiele gewesen sind, während im letzteren Falle ein einfaches Absinken erfolgt.

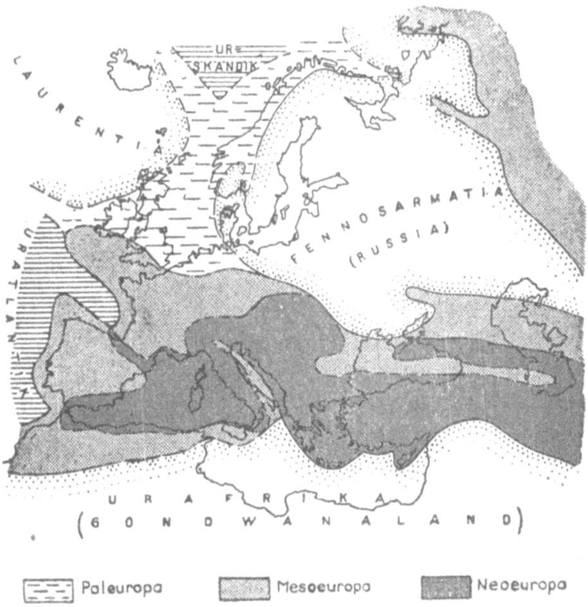

Abb. 9. *Geotektonische Gliederung Europas*

Aus einem Überblick über die in der Erdkruste erfolgten großsphärischen Transformationen ergeben sich die Entwicklung und die Entwicklungstendenzen des Erdbildes. Dabei beschränken wir uns zunächst auf die letzten 550 Millionen Jahre der Erdgeschichte, d. h. auf die Zeit seit Beginn des Paläozoikums und damit seit dem Ende der sogenannten „Urzeit“ im alten Sinne. Der damals gegebene Zustand sei also unser Ausgangszustand (Urzustand), der Urozeane, Urkontinente und Urgeosynklinalen umfaßt hat. Im Raume Europas (Abb. 9) bestanden

z. B. damals drei Urozeane, nämlich ganz im Norden ein „Urarktik“, im Bereich des heutigen Skandischen Meeres ein „Urskandik“ und im Westen ein „Nördlicher Uratlantik“. Als Urkontinente kamen drei Großräume in Betracht, nämlich erstens ein im Nordwesten liegender, heute in seinen europäischen Teilen fast restlos versunkener Urkontinent Laurentia, zweitens ein den Osten Europas einnehmender Urkontinent Fennosarmatia und drittens im Süden ein Urafrika als Teil des großen südhemisphärischen Urkontinents Gondwanaland. Die außerhalb der Urzone und der Urkontinente liegenden Räume waren damals als die Urgeosynklinalen Europas noch von faltbarer Art. Die Weiterentwicklung Europas ist darauf hinausgekommen, daß die gewaltig großen, neben und zwischen den Urkontinenten und Urozeanen gelegenen urgeosynklinalen Räume schrittweise in den Kontinentalzustand übergeführt worden sind, indem in der kaledonischen Faltungsära ein „Paleuropa“, in der variszischen ein „Mesoeuropa“ und in der alpidischen Ära ein „Neoeuropa“ konsolidiert und den älteren, jeweilig bereits bestehenden Konsolidationssphären angegliedert wurde.

Was hier für Europa gesagt worden ist, gilt im Prinzip auch für die übrigen Erdteile. Immer wieder kommt die Entwicklung auf das Verschwinden der Geosynklinalen und ihren Ersatz durch kontinentale Räume hinaus. Das ist für die Neue Welt in Abb. 10 dargestellt. In ihr zeigt Bild 1 die Ausdehnung der geosynklinalen Räume im vorkambrischen „Urzustande“, Bild 2 diejenige am Ende des Altpaläozoikums (vor der variszischen Faltung), Bild 3 diejenige am Ende des Jungpaläozoikums (vor den alpidischen Faltungen), Bild 4 diejenige am Ende des Mesozoikums (vor der sogenannten laramischen Faltung) und Bild 5 endlich die geringen Geosynklinalreste, die am Ende des Alttertiärs noch bestanden haben und dann im Jungtertiär der Konsolidation verfielen.

In der Nordhälfte der Alten Welt (vgl. Abb. 12) treten uns mehrere Urkontinente entgegen, nämlich ganz im Nordosten

Abb. 10. *Das Verschwinden der amerikanischen Geosynklinalen im Ablauf der neogäischen Zeiten*

und ganz im Nordwesten die letzten Ausläufer des im wesentlichen in den nordamerikanischen Raum entfallenden Urkontinents Laurentia und weiter von West nach Ost die Urkontinente Fennosarmatia, Angaria, Serindia und Sinia[1]. Dazwischen erstreckten sich die geosynklinalen Urräume, die in den asiatischen Bereichen ähnlich wie in Europa als „Palasien" teils schon in der kaledonischen und dann in sehr erheblichem Umfange als „Mesoasien" in der variszischen Ära konsolidiert worden sind, so daß nach der variszischen Ära nur noch verhältnismäßig schmale Süd- und breitere Osträume übriggeblieben waren, die dann in der alpidischen Ära ihre Faltung und ihre Konsolidation zu „Neoasien" erfuhren.

Demgegenüber hatte im Süden der Alten Welt von vornherein der bis zur Entstehung des Indischen Ozeans einheitliche, in sich geschlossen gewesene, heute nur noch in Reststücken (Ur-Südamerika, Ur-Afrika, Madagaskar, Indien, westliches und mittleres Australien, Antarktischer Kontinent) aufragende Kontinent Gondwanaland bestanden, d. h. hier war von vornherein schon jener Zustand geschlossener Konsolidation gegeben gewesen, den die altweltliche Norderde erst im Ablauf der Zeiten erreicht hat.

Wie nun nach den vorangegangenen Darlegungen das alte Dogma, daß keine neuen Kontinente entstehen könnten, hinfällig geworden ist, so ist auch das Dogma, daß sich an Stelle von Kontinenten keine Tiefozeane einstellen könnten, nicht mehr haltbar. Aber selbstverständlich muß das Absinken der Kontinente, wie oben schon einmal angedeutet, mit Veränderungen im tieferen Untergrunde, vor allem mit dem Abwandern von Sialmaterial, verbunden gewesen bzw. durch diese veranlaßt sein. Gleich den orthogeosynklinalen Senkungen, sind auch diese „destruktiven" ungemein langsam erfolgt, und zwar berechnet sich das Senkungstempo auf Grund von mancherlei Überlegungen

---

[1]) Auch im Raume des östlich der Philippinen gelegenen Philippinenmeeres scheint einst ein Urkontinent bestanden zu haben, der später versunken ist.

im Falle des im einstigen Raume Gondwanalands entstandenen Indischen Ozeans auf vielleicht $^1/_{35}$ bis $^1/_{25}$ Millimeter im Jahr, d. h. auf nur rund 30 bis 40 m in der Jahrmillion. Es ergibt sich also hier wieder die Langsamkeit, mit der sich die säkularen Bewegungen unserer Erdräume vollziehen. Daß die Destruktiven Vorgänge im allgemeinen eine Alterserscheinung der Kontinente sind, kommt schon darin zum Ausdruck, daß der uralte große Südkontinent Gondwanaland bereits in hohem Maße von ihnen betroffen ist, während die in wesentlichen Teilen, wie wir sahen, jüngere Norderde noch ziemlich geschlossen dasteht. Immerhin sind auch in ihr gewisse Anzeichen eines destruktiven Zerfalles schon gegeben, so im arktischen Nordamerika und ein wenig auch schon im Körper Mitteleuropas.

Alles in allem haben wir gesehen, daß sich seit der Urzeit in der Erdkruste eine konsequente Entwicklung in dem Sinne vollzogen hat, daß die ursprünglich recht ausgedehnten geosynklinalen Räume als die faltbaren Erdfluren immer mehr verschwanden und durch kontinentale Räume ersetzt wurden. In diesem Ablauf sind zwar in Form von Regenerationen rückläufige Phasen zu verzeichnen, die zumeist aber bald wieder ausgeglichen wurden. Neben dem Ersatz der geosynklinalen durch kontinentale Gebiete stehen im Bereich der letzteren die destruktiven Vorgänge; aber diese brachten keine grundsätzliche Veränderung der Mobilitätsverhältnisse, sondern ersetzten nur die eine Form der Stabilität durch eine andere.

Die Frage, wieweit die Beseitigung der einst so ausgedehnt gewesenen geosynklinalen Räume heute bereits gediehen sei, beantwortet sich auf Grund der Einzelbetrachtungen der Erdgebiete und speziell ihrer tektonischen und magmatischen Entwicklung dahin, daß unsere Erdkruste bereits einen Zustand sehr weitgehender, um nicht zu sagen, völliger oder fast völliger Erstarrung erreicht hat, d. h. daß es auf unserer Erde höchstens noch geringe Räume geben dürfte, in denen sich in der Folgezeit noch größere Faltungen von Art derer, die unsere Gebirge und Kontinente geschaffen haben, ereignen könnten.

Das Bild der zunehmenden Reduktion der orthogeosynklinalen Räume bis zu deren heute gegebener völliger oder fast völliger Beseitigung ergänzt sich durch magmatologische Betrachtungen. So sind *erstens* die Räume immer kleiner geworden, in denen die initialen Magmatite der geosynklinalen Erdzustände noch auftreten konnten. Z. B. kennen wir solcherlei Magmatite entlang dem Südrande Eurasiens, der bis in recht junge Zeit hinein geosynklinal geblieben war, im Alttertiär nur noch in schmalen Zonen, im Jungtertiär aber überhaupt nicht mehr, und aus Nordamerika sind sie schon seit dem Ende des Juras und aus Südamerika seit der späteren Kreidezeit verschwunden. Und in den gesamten, einst geosynklinal gewesenen Randgebieten des Pazifischen Ozeans scheint es nur einen einzigen Ausnahmefall des Auftretens initialer Magmatite auch noch im Jungtertiär zu geben. *Zweitens* wird die zunehmende Erstarrung durch das im Ablauf der Zeiten erfolgende Zurücktreten der synorogenen granitischen Intrusionen bekundet. So sind Granite von variszischem Alter auf der Erde zwar noch sehr verbreitet, und auch mesozoische Granite gibt es noch in manchen jungen Faltungsgebieten in erheblicher Ausdehnung, z. B. in Ostasien und in den Kordilleren Nord- und Südamerikas. Aber alttertiäre Granite sind schon recht selten und jungtertiäre sind geradezu Ausnahmefälle. Und *drittens* hat der die Vollkonsolidation des Bodens bezeugende finale Magmatismus immer mehr an Raum gewonnen.

„Der Zusammenbruch der Erde ist's, dem wir beiwohnen." So hat der Altmeister der Vergleichenden Tektonik Ed. Sueß 1885 am Schluß des 1. Bandes des „Antlitz der Erde" gesagt. Er hat dabei besonders an solche Erdgebiete gedacht, in denen schon seit langen Epochen die „faltenden Bewegungen" (d. h. die alpinotypen Vorgänge, wie wir jetzt sagen wollen) durch „Senkung und Einsturz" (d. h. durch germanotype Tektonik) abgelöst sind. Man kommt aber dem Wesen der Dinge noch näher mit der Ausdrucksweise, daß es die Erstarrung der Erde ist, der wir „beiwohnen", wenn wir die Geschichte der Erdkruste vom Ende der Urzeit bis zum heutigen Tage an unserem Auge vorüberziehen lassen. Diese Erstarrung ist das Primäre, an das sich der „Zusammenbruch" im Sinne von Sueß in weiten Teilen der Erde angeschlossen hat.

Die Betrachtungen über die geotektonische Entwicklung des

Erdbildes haben wir bisher mit dem Paläozoikum und speziell dessen ältestem Abschnitte, dem Kambrium, beginnen lassen. Aber jener frühestkambrische geotektonische Zustand, von dem wir bisher bei der Darstellung der Entwicklung der Erdkruste ausgegangen sind, ist auch schon im Jungalgonkium, das dem Kambrium voranging, gegeben gewesen, und so ist schon von diesem an der große Erstarrungsprozeß unserer Erde zu rechnen (s. Abb. 7).

Wir werfen nunmehr einen Blick auf die tektonischen Ereignisse der dem Jungalgonkium vorangegangenen Zeiten, die wir aufgezeichnet finden in den ganz alten und damit zum Teil stärkstens zerknitterten Seiten des Tagebuchs der Erde. Sind diese auch ungleich schwerer zu entziffern als die jüngeren, so ist doch ein für die nunmehrigen Betrachtungen wesentliches Ergebnis schon ersichtlich, nämlich, daß die Unterlage der jungalgonkischen Schichtserien, wo immer sie mit einiger Sicherheit bekannt ist, aus Gesteinskomplexen von Kontinentaler Bauart besteht. Das gilt nicht nur – wie selbstverständlich – für den Bereich der im Jungalgonkium schon konsolidiert gewesenen Urkontinente, in denen die jungalgonkischen Gesteinsserien keinerlei nennenswerte Faltungen mehr haben erfahren können (z. B. nördlichstes Schottland, Schweden, Finnland, Podolien, Kanadischer Schild, Brasilien, Südafrika, Indien, Tarim-Becken, weite Teile Chinas, mittleres und westliches Australien), sondern auch, soweit ein Urteil schon möglich ist, für die nachalgonkisch wieder gefalteten urgeosynklinalen Räume (z. B. nordamerikanisches Felsengebirge, Nordostgrönland, Spitzbergen, Norwegen, Großbritannien, Iberische Halbinsel, Mitteleuropa, Ural, Kaukasus, südasiatisches Hochgebirge, östliches Australien, Südwestafrika usw.).

Umgekehrt ist aber kein sicheres Beispiel dafür gegeben, daß geosynklinale Räume die Grenzzeit vom Altalgonkium zum Jungalgonkium überdauert hätten. So ist also nach allem, was wir heute wissen, der Schluß berechtigt, daß die Unterlage des geosynklinalen Jungalgonkiums grundsätzlich nicht von anderer, sondern von gleicher kontinentaler Art gewesen ist wie diejenige des Jungalgonkiums der Urkontinente, d. h., daß sich unsere sogenannten Urgeosynklinalen auf vorher kontinental gewesenem Untergrunde gebildet haben. Damit ergibt sich die Vorstellung, daß der heute gegebene Zustand des völligen oder fast völligen Fehlens noch faltbarer Räume, also der Zustand hochgradiger Erstarrung, mindestens schon einmal in der Erdgeschichte, nämlich am Ende des Altalgonkiums und speziell nach der algomischen Faltung, erreicht gewesen war. Damals gab es also – wie heute – eigentlich nur noch Tiefozeane (Urozeane) und kontinentale Räume. Letztere bildeten zusammen (vgl. Abb. 11) eine vorjungalgonkische „Megagäa" („Großerde"), die von Urozeanen umgeben bzw. durchlöchert war. Es folgte im Beginn des Jungalgonkiums eine Regeneration allergrößten Ausmaßes, der „Algonkische Umbruch", der Teile der Megagäa und speziell deren Randgebiete gegen die Urozeane wieder in Geosynklinalen verwandelte (vgl. Abb. 12). Damit wurde jener Zustand herbeigeführt, der bei unseren vorangegangenen Betrachtungen das Ausgangsbild der nachurzeitlich geotektonischen Entwicklungen bedeutet hat. Die damaligen Urkontinente, die Kernstücke der Kontinente der heutigen Zeit, sind nichts anderes als die bei den Regenerationsvorgängen des Algonkischen Umbruches ausgespart gebliebenen Reststücke der Megagäa als des – sagen wir – „Urur"kontinentes.

Wenn unsere Erde heute von einem ein weiteres orthotektonisches Leben ausschließenden Erstarrungstode nicht mehr fern zu sein scheint, so bleibt also zu bedenken, daß sie schon einmal einen vergleichbaren Zustand durchgemacht hat, der sich aber als ein Scheintod herausstellte, indem der Algonkische Umbruch weite Bereiche der Erde zu neuem geosynklinalen Leben rückerweckte. Die damals regenerierten Geosynklinalen wieder zu beseitigen,

Abb. 11. *Die Megagäa,*

d. h. die am Ende des Protogäikums bestehende, gewaltig große Kontinentalmasse, die im Osten und Westen vom Urpazifik umrandet und durch die Reihe der arktisch-atlantischen Urozeane (Urarktik, Urskandik, Nördlicher Uratlantik, Südlicher Uratlantik) durchbrochen war (*Behrmann*sche flächentreue Erdprojektion)

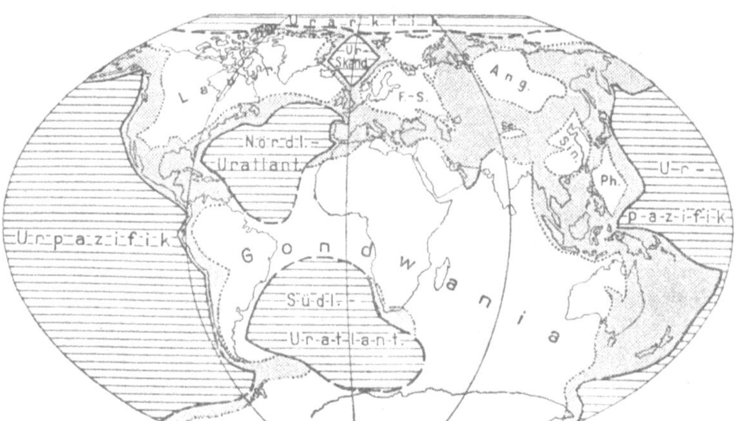

Abb. 12. *Der Algonkische Umbruch*

Durch ihn sind erhebliche Teile der Megagäa zu Geosynklinalen (lichtgrauer Farbton), den „Urgeosynklinalen" der neogäischen Großzeit der Erdgeschichte, regeneriert worden. Die den kontinentalen Zustand beibehaltenden Reststücke der Megagäa bilden die „Urkontinente" der neogäischen Entwicklung.

Laur. = Laurentia; F.-S. = Fennosarmatia; Ang. = Angaria; Se. = Serindia; Sin. = Sinia; Ph. = Philippinia.

ist die Aufgabe der nachfolgenden Erdzeiten gewesen, die heute so ziemlich abgeschlossen ist.

So läßt sich die Erdgeschichte auf geotektonischer Basis (s. Abb. 7) in zwei große Zyklen, zwei „Großzeiten" einteilen, nämlich in eine „geotektonische Frühzeit" („Protogäikum") und eine „geotektonische Spätzeit" („Neogäikum"), wobei jede mit einem Zustand, der sehr ausgedehnte faltbare Räume umschließt, beginnt und mit einer weitgehenden, um nicht zu sagen völligen Erstarrung endigt. Damit stellt sich der Algonkische Umbruch als die wohl bedeutsamste Zäsur in der tektonischen Erdentwicklung, als eine wahre geotektonische Weltenwende, dar, und wir kommen nunmehr zu folgender geotektonischer Gliederung der Erdgeschichte:

Neogäikum (jüngere Großzeit)	Känozoikum Mesozoikum Paläozoikum Jungalgonkium (Beltojotnium)

Algonkischer Umbruch

Protogäikum (ältere Großzeit)	Altalgonkium (Karelium) Archaikum (Ontarium)

Gewisse Anzeichen sprechen schon dafür, daß der hier als „ältere Großzeit" (Protogäikum) bezeichnete enorm lange Zeitabschnitt noch in zwei, durch einen am Anfang des Altalgonkiums eingetretenen „Postlaurentischen Umbruch" getrennte Großzeiten zu gliedern ist (s. Abb. 7), d. h., daß der völlige Konsolitationszustand unserer Erde sich nunmehr schon zum dritten Male wiederholt hätte. Bestätigt sich diese Auffassung im Fortgange der Forschungen, so wäre zwischen dem Neogäikum und dem dann auf das Archaikum zu beschränkenden Protogäikum noch ein das Altalgonkium umfassendes „Deuterogäikum" einzuschalten, d. h. es ergäbe sich folgende Zeitgliederung:

Neogäikum:	Känozoikum Mesozoikum Paläozoikum Jungalgonkium (Beltojotnium)

Algonkischer Umbruch

Deuterogäikum : Altalgonkium

Postlaurentischer Umbruch

Protogäikum: Archaikum

Wie dem hochgradigen Erstarrungszustand der Erdkruste, der am Ende des Protogäikums gegeben gewesen war, der Algonkische Umbruch gefolgt ist, so mag eine vergleichbare geotektonische Weltenwende wieder vor der Tür stehen und eine neue Großzeit einleiten, die die künftigen Hunderte von Jahrmillionen umfassen wird.

DIE „VORTRÄGE UND SCHRIFTEN" WENDEN SICH AN DIE WEITEN KREISE DERER, DIE AN WISSENSCHAFTLICHER FORSCHUNGSARBEIT ANTEIL NEHMEN

Bisher sind erschienen:

Die Maßstäbe des Kosmos

Rede bei der Eröffnung der Deutschen Akademie der Wissenschaften zu Berlin am 1. August 1946, gehalten von Prof. Dr. H. Kienle. — 24 S. DM 1.50

Genuß und Betäubung durch chemische Mittel

Öffentlicher Vortrag, geh. am 12. Juni 1947 an der Deutschen Akademie der Wissenschaften zu Berlin von Prof. Dr. Wolfgang Heubner. — 38 S. DM 2.—

Über das Naturrecht

Öffentlicher Vortrag, gehalten am 10. Juli 1947 an der Deutschen Akademie der Wissenschaften zu Berlin von Prof. Dr. H. Mitteis. — 48 S. DM 2.75

Ranke und Burckhardt

Öffentlicher Vortrag, geh. am 22. Mai 1947 an der Deutschen Akademie der Wissenschaften zu Berlin von Prof. Dr. Friedrich Meinecke. — 36 S. DM 2.50

Pflanzenphysiologische Bodenkunde

Öffentlicher Vortrag, geh. am 26. November 1947 an der Deutschen Akademie der Wissenschaften zu Berlin von Prof. Dr. Eilh. Alfred Mitscherlich. — 24 S. DM 2.—

Über physikalisch-chemische Modelle von Lebensvorgängen

Öffentlicher Vortrag, geh. am 11. Dezember 1947 an der Deutschen Akademie der Wissenschaften zu Berlin von Prof. Dr. Karl Friedrich Bonhoeffer. — 20 S. DM 2.—

Die Ertragsgesetze

vorgelegt am 29. April 1948 in der Gesamtsitzung der Deutschen Akademie der Wissenschaften zu Berlin von Prof. Dr. Eilh. Alfred Mitscherlich. — 42 S. DM 2.75

In Vorbereitung ist u. a.:

Die Ausgestaltung der Organismen – ein chemisches Problem

Öffentlicher Vortrag, gehalten am 10. Juni 1948 an der Deutschen Akademie der Wissenschaften zu Berlin von Prof. Dr. Kurt Noack

DIE HEFTE ERSCHEINEN IN ZWANGLOSER FOLGE

FSC
www.fsc.org
MIX
Papier | Fördert
gute Waldnutzung
FSC® C083411

Zeitfracht Medien GmbH
Ferdinand-Jühlke-Straße 7
99095 Erfurt, Deutschland
produktsicherheit@kolibri360.de